DE L'EMPLOI
DES
POMMES DE TERRE
A LA
NOURRITURE DES BESTIAUX
DANS
LE CANTON DE GENÈVE.

PAR

CHARLES PICTET.

(Tiré du Cahier de MARS 1820, de la BIBLIOTHÈQUE UNIVERSELLE, partie *Agriculture.*)

GENÈVE,

J. J. PASCHOUD, Imprimeur-Libraire.

PARIS,

Même Maison de Commerce, rue Mazarine, n.° 22.

1820.

De l'Emploi des Pommes de terre à la nourriture des bestiaux, dans le Canton de Genève,

A l'occasion d'un projet de loi sur les subsistances, une commission de notre Conseil représentatif, a publié un rapport qui sert de préambule au projet, et qui renferme des faits et des considérations d'un grand intérêt (1).

Les tableaux annexés au rapport n'offrent pas un état complet de la situation présente de notre agriculture, parce qu'il eût fallu, pour en rassembler tous les élémens, plus de temps que n'en ont eu les Commissaires; mais ces tableaux fournissent des bases pour juger l'ensemble

(1) Le célèbre Prof. de Candolle a été le rapporteur de cette Commission.

de la culture du canton, pour voir quels en sont les côtés foibles, et pour aviser aux moyens d'encouragement.

La totalité de notre territoire est de 84,075 poses. (1) Sur cette étendue, il y a 44,196 poses de terres arables, dont voici annuellement l'emploi approximatif.

Prairies artificielles (luzerne et sainfoin) (esparcette), ...	5,660
Jachères ou trèfles, ...	9,954
Pommes de terre, ...	2,004
Avoine, ...	1,204
Blé, seigle ou orge, ...	25,374
	44,196

On doit regretter que les jachères et les trèfles se trouvent confondus dans le rapport, de manière qu'on ne puisse pas juger de la proportion dans laquelle les terres du Canton sont encore soumises à la routine de la jachère morte, et quelle est la proportion des trèfles sur le tout.

(1) La pose est de 25600 pieds de surface, soit à peu près 26 ares.

On peut présumer qu'il y a plus de trèfles que de jachères. Dans le prochain voisinage de la ville, celles-ci ne sont presque plus en usage ; mais comme dans les parties les plus éloignées, et nouvellement réunies au Canton, la jachère est encore la ressource employée pour nettoyer les terres et pour suppléer jusqu'à un certain point aux engrais, il y a annuellement une assez grande étendue de nos terres arables soumise à cette culture. On ne s'éloigneroit peut-être pas beaucoup du vrai, en supposant que six mille poses sont en trèfle, et le reste en jachère.

En dehors des terres arables, se trouvent les prés naturels, ou prés gazons, dont l'étendue est de 15,913 poses. L'engrais qui pourroit résulter de cette étendue de prés, pour les terres soumises à la charrue, se trouve réduit à rien, parce que, soit les prés eux-mêmes, soit les 4,164 poses de vignes, et 1,288 poses de jardins ou chenevières, absorbent l'engrais produit par ces prairies, outre une portion notable des pailles que rendent les champs (1).

Bien loin donc de pouvoir compter, pour l'amélioration des terres arables, sur les foins produits par les prés naturels, il faut déduire des ressources des champs, quant aux engrais, toutes les pailles nécessaires pour le fumier appliqué aux jardins, aux chenevières, aux vignes, et aux prés naturels eux-mêmes.

Les prés artificiels (luzerne et esparcette) réunis à l'étendue présumée des trèfles, donneroient 11,860 poses. Si l'on suppose le produit de la pose de trèfle 30 quintaux, celui des luzernes 45, et celui des esparcettes 35, on ne risquera

---

(1) A 30 quintaux de foin ou regain par pose, c'est trois poses pour entretenir toute l'année une tête de gros bétail, qui produit 10 chariots de fumier de 25 quintaux, lesquels 250 quintaux, sont absorbés annuellement 1.° par une pose en jardin, chenevières ou vignes; qui consomme 4 chariots; 2.° par les trois poses de prés dont ils proviennent, lesquelles en consomment deux chacune annuellement, ce qui fait une fumure de 8 chariots tous les quatre ans.

pas de s'écarter beaucoup du vrai, en prenant une moyenne de 35 quintaux de foin sec par pose, sur toute cette étendue. Cela donne annuellement en foin 415,100 quintaux. A 90 quintaux par bête, c'est 4,612 têtes de gros bétail, qui produisent 46,120 chariots de fumier, en supposant que la litière soit suffisante.

Nous avons vû que les prés, les jardins, chenevières et vignes absorbent une partie des pailles fournies par les champs. Par conséquent, la litière du fumier provenant des foins artificiels, et destiné aux terres arables, ne sera pas assez abondante pour que chaque pièce de gros bétail donne dix chariots de fumier de 25 quintaux dans l'année. C'est donc probablement porter assez haut la création annuelle des fumiers, que de la supposer d'un chariot de 25 quintaux par chaque pose de nos terres arables. C'est précisément la moitié de ce qui seroit nécessaire pour entretenir en pleine vigueur la production des champs. Une fumure de huit chariots par pose tous les quatre ans (ce qui revient annuellement à deux chariots), doit être le résultat d'un bon assolement; et cette quantité maintient la terre dans un état de fertilité croissante. Notre agriculture du Canton est donc à une grande distance de ce point désirable. Nos champs rendent, en moyenne, trois grains pour un, semence déduite : c'est un résultat bien foible pour un petit pays qui rassemble beaucoup de lumières et beaucoup de capitaux, en même temps qu'il a le plus grand intérêt à se rendre complétement indépendant sous le rapport des subsistances.

On s'est beaucoup occupé, en dernier lieu, des moyens que nous aurions de recueillir annuellement plus de blé. On a proposé des primes pour les défrichemens des broussailles ou pâturages, et même pour la conversion des prés en champs. Au lieu de s'occuper des encouragemens pour faire semer plus de blé, on iroit mieux au but, je pense, en encourageant la réduction de cette culture : son extension abusive est une des causes de la foiblesse de nos produits.

Sur 44,196 poses de champs, 26,578 sont annuellement ensemencés en froment, seigle, orge ou avoine. Par conséquent, il y a tous les ans 4,480 poses auxquelles on demande une récolte de grains blancs, quoique ces mêmes terres en aient porté une l'année précédente.

Les agriculteurs instruits savent que, si l'on prend l'ensemble de quelques années, sur un domaine de terres arables, la répétition des récoltes des grains blancs dans deux années consécutives, ne rend rien ; c'est-à-dire, que le produit du champ soumis à cette répétition de céréales, est annullé par le déficit sur la récolte de tous les autres champs du domaine, en conséquence de cette pratique vicieuse à laquelle ils ont été soumis tour à tour. Ce qui est vrai pour un domaine l'est également du Canton.

Ce n'est pas tout. Non-seulement ces

4,480 poses n'ajoutent pas un quintal de grains à ce que seroit le produit des 22,098 poses (la moitié du tout) s'il n'y avoit jamais répétition de céréales dans le même champ, mais il y a beaucoup de travail perdu, et toutes les terres arables du Canton en sont plus souillées de mauvaises herbes, par conséquent moins productives.

On sait que le problème à résoudre dans la culture des champs est de maintenir la terre nette, en la rendant féconde. La fécondité qui résulte des engrais produit les mauvaises herbes; et les difficultés de leur extirpation augmentent à mesure que la terre devient plus fertile. Le secret d'obtenir à la fois ces deux avantages est dans les assolemens bien calculés. Cette vérité ressortira ici des résultats négatifs de l'agriculture de notre Canton, lequel n'a d'assolement raisonnable que sur une très-petite partie de son territoire.

Nous avons vu qu'il ne sort de nos champs que la moitié des engrais qu'ils devroient créer pour que leur culture eût la vigueur convenable. Nous voyons ensuite que, sur ces terres fumées une fois seulement dans huit ans, un dixième est abusivement soumis à la répétition des céréales. On fait donc précisément l'inverse de ce qui conviendroit. Il faudroit fumer et nettoyer les terres : on les épuise et on les salit.

Mais existe-t-il donc des moyens certains et généralement applicables, de faire sortir de la terre le fumier destiné à amender cette même terre ? Cela n'est pas douteux pour les agronomes instruits, mais cette question se présente comme un paradoxe à ceux qui n'ont pas porté leur attention sur l'objet.

Avant que les vrais principes de l'agriculture eussent été suffisamment développés et appliqués, on donnoit aux prés naturels et non arrosés, une valeur exagérée : on les regardoit comme une appartenance nécessaire des terres arables, et comme la vraie source de leur fécondité. Dans les pays où les vignes n'absorbent pas les engrais, la ressource commode des prés pour fournir aux champs le fumier nécessaire, contribue à maintenir l'agriculture dans un état stationnaire. L'industrie n'étant point animée par l'aiguillon de la nécessité, ne perfectionne rien. On fume les champs abondamment; mais l'art de maintenir la terre nette, est ordinairement négligé; les résultats restent en-dessous de ce qu'ils devroient être; et on peut dire, en général, que les assolemens sont vicieux, c'est-à-dire, que l'agriculture est mauvaise ou tout au moins médiocre, dans les pays où les prés naturels non arrosés ont une valeur vénale fort supérieure à celle des terres arâbles.

Puisque dans une bonne culture les champs doivent créer eux-mêmes le fumier qui leur est nécessaire, il est indispensable de leur faire produire des récoltes à l'usage des bestiaux. Puisque l'abondance même de l'engrais ne suffit pas à assurer la fertilité des champs, il faut que ces productions destinées aux bestiaux comportent les cultures à la main ou à la charrue, qui sont destinées à tuer les mauvaises herbes, et à remplacer l'opération trop coûteuse de la jachère morte. De là suit la nécessité d'une récolte sarclée, destinée aux bestiaux, et qui est comme le pivot sur lequel tourne l'assolement. Voyons ce que nous avons, à cet égard, dans l'agriculture du Canton.

Le tableau de l'occupation annuelle des champs ne nous présente, en récoltes sarclées, que deux mille et quatre poses de pommes de terre. Si donc cette culture étoit uniformément répandue sur tout le Canton, et que son retour fut réglé, elle reviendroit sur le même terrain une fois dans vingt et deux ans (1). Il est facile de comprendre que, dans ces proportions,

(1) Il n'en est point ainsi. On cultive beaucoup plus de pommes de terre dans le voisinage de la ville, parce que leur transport au marché est facile. Dans quelques domaines elles reviennent tous les quatre ans; dans d'autres, tous les six ans, sur le même champ. Mais dans plusieurs communes, à peine une centième partie des terrains est destinée à cette culture.

et à considérer l'ensemble du Canton, l'influence nettoyante des pommes de terre sur les champs, est bien peu de chose : leur culture n'est point assez étendue.

J'ai observé tout-à-l'heure que les récoltes sarclées n'étoient *améliorantes*, que lorsqu'on les faisoit consommer au bétail, puisque ce n'est que dans ce cas qu'elles produisent de l'engrais. Mais presque toutes les pommes de terre produites dans le Canton sont consommées par les hommes, et sont, par cette raison, une culture *épuisante*.

Dans le tableau cité de l'occupation annuelle des terres, les fèves ne figurent pas. Il s'en cultive cependant une quantité notable, soit de l'espèce d'hiver, soit de celle du printemps. Elles fournissent un moyen d'alterner avec le froment, qui est surtout précieux dans les terres argileuses; et leur produit est peut-être sujet à moins de casualités que celui des céréales, en même temps qu'il est plus considérable, en farine, sur la même étendue de terrain. Mais il faut observer que pour que la fève soit améliorante, elle doit être sarclée, et consommée par les bestiaux sur le domaine : or les neuf dixièmes peut-être des fèves que l'on sème dans le Canton ne sont pas sarclées ; elles contribuent donc à salir le terrain, en même temps qu'elles l'épuisent, parce que consommées par les hommes, elles ne rendent point d'engrais.

Les carottes, les betteraves, les rutabaga qui pourroient servir de pivot à un bon assolement, ne sont presque point cultivés chez nous. Le maïs et les haricots n'occupent que de petits espaces ; et d'ailleurs, si ces deux récoltes nettoient la terre, par les sarclages qu'elles exigent, elles ne l'améliorent pas, puisque leurs produits ne vont point aux bestiaux (1).

On voit ainsi que *notre agriculture du Canton pèche par la base*, *c'est-à-dire*

(1) Les raves que nous semons en récolte dérobée, et pour les hommes, ne nettoient ni n'améliorent le sol.

qu'elle manque d'assolemens réglés dont le pivot fait une récolte sarclée, destinée aux bestiaux.

Les prés artificiels sont une belle acquisition dans notre agriculture; mais pour qu'ils rendent ce qu'ils doivent rendre, pour qu'ils aient la durée que comportent les plantes dont ils se composent, pour qu'on puisse leur appliquer sans inconvénient une étendue de terrain suffisante, il faut qu'ils se sèment en terre nette et bien fumée : or les champs ne peuvent être ni assez propres, ni convenablement amendés, dans un système de culture qui ne donne que la moitié des fumiers nénessaires, et aucun autre moyen de nettoyer le sol que la jachère morte et les pommes de terre, sur des espaces relativement trop resserrés.

J'ai supposé que nous avions annuellement environ 4,000 poses en jachère morte. Si l'on y joint l'espace occupé par les pommes de terre, on a 6,000 poses soumises à des procédés qui nettoient les champs. On voit donc que ces procédés appliqués sur 44,196 poses reviennent tous les sept ans, sur une partie des champs, et tous les huit ans sur l'autre: or, dans un bon système de culture, l'opération destinée à nettoyer les terres doit revenir plus souvent; et les années d'intervalle doivent porter des récoltes qui prêtent le moins possible au développement des graminées nuisibles et des autres plantes pernicieuses.

La jachère morte est un mal nécessaire, aussi long-temps qu'on n'est pas assez fort en plantes sarclées à faire consommer aux bestiaux. C'est par ces plantes, convenablement séparées par certaines récoltes, et ramenées à intervalles réglés, que l'on nettoie le sol, et que l'on crée les fumiers. Par la jachère morte, à la vérité, on nettoie le sol (chose absolument indispensable) mais on ne crée pas d'engrais. C'est une ressource au moyen de laquelle on peut encore demander du froment à une terre sale et épuisée, où l'on perdroit les semences, si l'on essayoit de lui en faire produire, sans ce nettoiement préalable. Mais si les récoltes de froment sur jachere, non fumée, sont nettes, elles sont peu considérables, et reviennent à un prix trop haut. Elles ont d'ailleurs le grave inconvénient de ne pouvoir comporter le trèfle après elles, à moins d'une fumure d'hiver, par dessus le blé en végétation; et nous avons vu que, dans l'état présent de notre agriculture, la création du fumier est trop foible pour pouvoir suffire à plus d'un huitième de nos terres arables annuellement.

On a dit quelquefois que le trèfle étoit un grand améliorateur des terres : cela est vrai lorsqu'il tient dans l'assolement la place qu'il doit tenir. S'il est semé dans une terre nette et fumée, sa pleine réussite donne une forte rente en engrais, et assure une belle récolte de froment, sans fumier. Si, au contraire, le trèfle est semé sur une terre sale et épuisée, il laisse après une foible récolte, la terre plus sale encore et plus épuisée ; enfin le froment qui lui succède est chétif si on ne le fume pas, médiocre encore si on le fume, parce que la fumure fait prospérer les plantes pernicieuses à la réussite des céréales. Ainsi, la jachère morte ne sauroit s'allier avec une agriculture vigoureuse, si l'on suppose une distribution du sol dans laquelle les terres arables ne puissent rien emprunter des prés naturels.

Résumons les faits qui caractérisent notre culture présente.

L'engrais produit par nos prés naturels est absorbé par nos vignes, nos jardins, nos chenevières, et par ces mêmes prés-gazons, ensorte qu'il n'en reste rien pour les terres arables.

Nos prés artificiels ne fournissent que la moitié de ce qui seroit nécessaire pour fumer convenablement les champs.

Nous n'avons aucune récolte - jachère qui produise de l'engrais.

La récolte - jachère des pommes de terre n'occupe annuellement qu'un vingt-deuxième des terres arables.

Nous semons tous les ans abusivement en céréales un dixième de nos terres arables, lequel n'augmente en rien nos produits en grains, parce que ce dixième est en sus de la moitié des champs; conséquemment, cette disposition annuelle nous met en débours gratuit de tous les frais de labour et semailles, sur 4,480 poses, en même temps qu'elle salit et affoiblit nos terres.

En résultat, nos champs rendent sur une moyenne de quelques années, trois grains pour un, semence déduite; ce qui laisse, dans les années ordinaires, un déficit de 27,000 coupes, dans les années mauvaises, un déficit de 50,000 coupes sur les besoins de notre population (1).

L'agriculture de notre Canton se ressent de la foiblesse du capital circulant qui y est employé. Cette disproportion entre le capital réellement appliqué à la culture, et celui qui seroit nécessaire soit

(1) La *coupe* de bon blé froment pèse 110 à 115 livres de 18 onces.

aux améliorations foncières, soit aux avances annuelles, dans une exploitation vigoureuse et bien conduite, est une des causes les plus générales de langueur dans l'agriculture de plusieurs pays du continent comparée à celle de la Belgique, de l'Angleterre et de l'Ecosse. Cette cause agit fortement chez nous. L'industrie nourricière de notre ville, les spéculations de commerce, et les placemens dans les fonds publics, ont toujours attiré nos capitaux. L'agriculture n'a été chez nous que le métier des paysans, et le délassement des riches. Les premiers, presque tous propriétaires de très-petits domaines, suivoient une routine qui a sensiblement gagné depuis trente ou quarante ans, mais que le défaut de connoissances, et la misère d'un temps de calamités ont empêché de se convertir en méthode raisonnée. Les riches dépensoient mal leur argent sur leurs domaines. Ils travailloient sans système fixe. Ils obtenoient, à grand frais, des succès que démentoient le bilan annuel de leurs exploitations, ou bien ils chargeoient leurs propriétés rurales des dépenses de fantaisie dans leurs habitations et leurs jardins. Il s'est ainsi établi un préjugé défavorable à toute entreprise agricole, à tout systême nouveau de culture, à toute tendance vers l'amélioration de nos méthodes. On est disposé à se contenter de cette lente progression vers le mieux, que la diffusion générale des connoissances amène chez nous, comme dans toute l'Europe. On se dit, que, depuis un demi siècle, nous avons acquis les prairies artificielles et les pommes de terre, que nous avons considérablement augmenté le nombre de nos bestiaux, et réduit les jachères mortes; que le temps, l'exemple, la force des choses amenèront le complément désirable; que vouloir hâter la marche des développemens de l'industrie, ou en diriger le cours, lorsqu'il s'agit d'agriculture, est une prétention illusoire, soit parce que les agens de cette industrie, disséminés sur un grand espace, ne sauroient être atteints par l'instruction et l'exemple, soit parce que ces mêmes agens, plus habiles dans l'art de cultiver que ceux qui pourroient les instruire dans la théorie de l'agriculture, sont peu disposés à écouter leurs enseignemens.

Il y a beaucoup de vrai dans ces considérations, et ce sont là, sans doute, de grands obstacles. Ils servent à expliquer le peu de succès des instructions et des directions que répandent les sociétés d'agriculture. Doivent-ils nous détourner de tenter l'effet des encouragemens? Je ne le pense pas.

Je ferai observer d'abord, que notre petit territoire présente, moins qu'un grand pays, l'inconvénient de la dissémination des individus à instruire ou à persuader. Je rappelle ensuite que l'organisation nouvelle donnée à la classe d'Agriculture, et les secours annoncés du Gouvernement, nous fourniront le seul moyen de persuasion sur lequel on doive raisonnablement compter, l'espérance d'un profit net et prochain : des primes libéralement appliquées aux objets d'une importance fondamentale et évidente écarteront bien des difficultés. Enfin, je dirai qu'il s'agit pour nous du grand intérêt que nous avons à nous rendre indépendans, sous le rapport des subsistances. La marche lente des améliorations amèneroit peut-être cette indépendance avant un demi-siècle; mais si nous pouvons hâter ce résultat, prévenir les maux qui accompagnent les crises de la disette, abréger le temps pendant lequel nous sommes encore condamnés à payer à l'étranger un tribut pour ses grains, n'aurons-nous pas à nous féliciter de nos efforts, quelle que soit la mesure de leurs résultats positifs? Je vais dire quelle direction il me paroîtroit convenable de donner aux premiers encouragemens.

Toute amélioration qui résulte d'un changement gradué dans les assolemens, sans introduction d'une plante nouvelle, présente moins de difficultés que d'autres, et peut néanmoins être d'une grande efficace. Il ne s'agit point de capitaux à avancer, de procédés nouveaux à faire adopter, de préjugés routiniers à vaincre : il s'agit seulement d'amener un ordre plus judicieux dans la succession des plantes déjà cultivées, et de modifier la proportion dans laquelle ces diverses plantes occupent la terre. Pour cela, je ne propose point d'étaler une théorie, de démontrer les conséquences d'un principe fécond, de promettre aux cultivateurs que le simple changement de l'ordre et de la proportion dans la culture des plantes qu'ils cultivent déjà, suffira à les enrichir ; mais je voudrois leur offrir, par des primes, un profit présent et certain, dans la préférence qu'on les invitera à donner à telle plante sur telle autre.

Dans l'état actuel de notre culture des pommes de terre, elles rendent *net* six pour un, année commune, en moyenne sur tout le Canton. La pose emploie pour semence six coupes de 150 livres de 18 onces ; elle en produit 42 brut, soit 36 coupes, semence déduite. Ce produit est foible ; mais si l'on considère que nous ne pouvons fumer nos champs qu'une fois en huit ans, que les glaises froides font une forte proportion de nos terres, et que les soins de culture pendant la végétation sont loin d'être par tout ce qu'ils devroient être, on comprendra qu'il ne peut pas en être autrement.

Je désire que nous encouragions, par le mobile de l'intérêt, l'extension de la culture des pommes de terre, de façon à remplacer peu à peu, par cette plante, la portion des céréales qui est cultivée de trop chaque année.

Des obstacles se présentent. Voyons comment nous pourrions les lever : nous chercherons ensuite à nous faire une idée approximative des avantages qui résulteroient pour notre Canton, du changement proposé.

Les 72,360 coupes de tubercules, produit net de deux mille et quatre poses, sont presque en totalité destinées à la consommation de l'homme, et suffisent à la demande très-amplement : ce qui le prouve, c'est que le prix vénal de la pomme de terre est toujours beaucoup au-dessous de sa valeur nutritive, comparée à celle du froment. Si donc l'on dérange cette proportion ; si l'on parvient à encourager, par des primes, une production beaucoup plus considérable, sans fournir un débouché à ce surplus, le prix baissera au point que le découragement de la masse des planteurs fera peut-être plus de mal que l'activité des prétendans aux primes ne pourra faire de bien : la production diminuera dans l'année qui suivra la grande abondance. Le haut prix, résultant de la rareté, dirigera de nouveau le travail vers cette culture ; et elle continuera à se balancer entre le trop et le trop peu, comme cela est arrivé jusqu'ici : les primes auront été à peu près inutiles. Il est donc indispensable d'indiquer une application nouvelle de cette masse de tubercules qui surchargeroit le marché ; et il ne suffira pas que cette application soit avantageuse, il faudra la rendre populaire.

Dans quelques parties du Continent qui, sous le rapport de l'agriculture, sont des terres classiques, telles que la Belgique et l'Alsace, on fait consommer les pommes de terre aux bestiaux, et on rend ainsi leur récolte *améliorante*. A ne compter la consommation du produit d'une pose que, comme celle d'une égale étendue en prairie, la création d'engrais de trois poses en pommes de terre est de dix voitures de fumier de 25 quintaux; et comme le retour de cette plante, supposé tous les quatre ans, n'absorbe que huit voitures d'engrais par pose, soit deux voitures par année, il reste, sur le produit de trois poses, converti en fumier, de quoi fumer deux poses encore. Il suit delà que l'impulsion de fertilité donnée par huit chariots de fumier suffisant à quatre années d'une pose, pourvu que les deux récoltes céréales soient séparées par une recolte de trèfle, il y a, dans la création de l'engrais par les pommes de terre, de quoi fumer une pose et deux tiers, pour chaque pose dont on fait consommer le produit aux bestiaux. Autrement dit, la consommation par les bestiaux des trois cinquièmes des pommes de terre produites sur une pose de terrain, suffit à en assurer la fertilité, par une rotation de quatre ans où les céréales reviennent deux fois.

Il y a, sans doute, quelques difficultés à vaincre pour introduire l'usage de la consommation des tubercules par le bétail : il y en a toujours, lorsqu'il s'agit de faire adopter généralement une pratique nouvelle ; mais le résultat est d'une importance si grande, qu'il faudroit qu'il y eût impossibilité absolue, pour détourner d'y prétendre. Nous reviendrons tout-à-l'heure à ces difficultés:

Voyons ce qui résulteroit, en ressources de subsistance pour notre Canton, de la culture des pommes de terre destinées aux bestiaux, sur les 4,480 poses où nous répétons abusivement les grains blancs.

Je commence par mettre en dehors de la culture productive d'engrais, les 2,004 poses qui tous les ans fournissent le marché pour la consommation des hommes : je suppose que cette étendue de terres arables continueroit à avoir cette destination. J'établis que les 4,480 poses dont il s'agit seroient soumises à la rotation suivante: 1.° Pommes de terre, 2.° blé d'automne ou de printemps ou orge, 3.° trèfle, 4.° blé d'automne. L'engrais seroit appliqué ou aux pommes de terre ou à la récolte céréale.

Mais, dira-t-on, où prendre du fumier en suffisance pour amender, dès le début, cette grande étendue de productions sarclées ? Il faut se souvenir que nos prés artificiels fournissent des engrais de quoi fumer à raison d'une pose sur huit, annuellement, c'est-à-dire 5,524 poses de toutes nos terres arables. Il seroit à désirer que la totalité des fumiers dont on pourroit disposer dès le début, fût appliquée aux pommes de terre; et par cela j'entends non-seulement les 4,480 poses destinées aux bestiaux, mais aussi l'étendue qui doit fournir à la consommation de l'homme. Je dis que cela seroit à désirer, parce que l'impulsion de fertilité seroit donnée sur un plus grand espace, et que la portion qui devroit sa fécondité à un engrais qu'elle n'auroit pas fourni, contribueroit bientôt à augmenter la masse des fumiers, en donnant de fortes récoltes de trèfle, et des pailles plus abondantes. Il est facile de comprendre, au reste, que l'introduction d'une telle modification dans notre système de culture ne pouvant être que lente et graduelle, il n'y auroit jamais d'embarras pour trouver le fumier nécessaire à quelques centaines de poses qu'on gagneroit annuellement à cette pratique, et qui augmenteroient, dans une progression rapide, la masse totale de nos engrais, chaque année.

J'ai supposé que les pommes de terre reviendroient tous les quatre ans. Je suis un assolement de douze ans dont j'ai éprouvé et développé les avantages (1) : les pommes de terre n'y reviennent que deux fois : c'est une sixième partie des terrains arables en pommes de terre ; les $\frac{5}{12}$.° en froment d'hiver ou de printemps, et le reste en trèfle, luzerne ou esparcette, avec trois fumures sur les douze ans. Dans cette même proportion d'un sixième, le Canton auroit annuellement 7,366 poses en pommes de terre. Nous verrons bientôt quelles en seroient les conséquences, soit pour la sécurité quant aux ressources alimentaires, soit pour l'augmentation de la valeur de notre sol, et du nombre de nos bestiaux.

---

(1) Voyez les détails de cet assolement de 12 ans, dans le 15.e volume *Agriculture* de la *Biblioth. Brit.*, réimprimés séparément, sous le titre : *Quelques détails sur la consommation de la Luzerne en vert, et Tableau d'un assolement de douze ans*. 8.° Chez J. J. Paschoud, Imp.-Lib. à Paris et à Genève.

Si l'on doutoit qu'il fût possible, en prenant pour base la culture de cette plante, et par ce que l'on pourroit appeler la magie de l'assolement, de faire sortir du sol lui-même l'engrais qui doit l'enrichir, j'essayerois de donner ici, en développement, mon expérience de vingt-deux années, sur cent trente poses de terre arables : expérience dont les détails sont en partie connus, tant par le compte que j'en ai déjà rendu, qu'à cause du nombre des curieux que la pratique d'un système alors tout nouveau, a attirés chez moi dans les premières années. Cet exemple est pris dans le sol, le climat et les circonstances de notre Canton, et mérite, par cette raison, plus d'attention, pour les inductions qu'on en peut tirer.

Mes terrains arables présentent, par portions à peu près égales, les deux extrêmes du sol argileux et du sol léger, plutôt que les nuances intermédiaires, les quelles néanmoins s'y trouvent aussi.

Avant moi, le système des jachères avait maintenu les champs dans un état de fertilité très médiocre, malgré la ressource annuelle d'une dixme annexée au domaine et qui rendoit en moyenne 250 quintaux de paille. Les vignes absorboient le produit des prés, quoiqu'on achetât annuellement, pour ceux-ci, 24 à 36 chariots de 40 pieds cubes (charge de deux chevaux) des fumiers des rues de la ville.

N'ayant plus la ressource de la dixme, et projetant de faire sortir l'engrais de la terre même, j'entrepris la culture des pommes de terre en grand, et je me prescrivis de n'en point vendre au marché: mes moutons consommoient en totalité ce qui n'étoit pas nécessaire à l'usage de la maison.

Pour simplifier mon exploitation, réduire les avances, m'assurer que mes récoltes ne manqueroient jamais des bras nécessaires au moment du besoin, enfin pour défoncer des terres qui ne l'avoient jamais été, et faire participer mes voisins au bienfait de cette culture, je distribuai annuellement aux journaliers et aux petits propriétaires de Lancy et Carouge, le quart, le tiers et jusqu'aux deux cinquièmes de mes terres arables. Ils prenoient l'engagement de défoncer le sol à la bêche, puis de cultiver, butter, et arracher la recolte, moyennant l'avance des semences, le prêt d'un ouvrier pour recueillir, et le partage des produits, semences prélevées.

On voit que je ne disposois ainsi que de la moitié des tubercules recoltés sur mes champs; mais comme les pommes de terre réussissent sans fumier, sur le sol nouvellement défoncé et au quel on donne tous les soins d'une parfaite culture; comme ces soins m'étoient garantis par l'intérêt des entrepreneurs, que j'animois encore par une prime annuelle au plus diligent, il m'est arrivé quelquefois d'avoir, pour ma moitié, autant de pommes de terre, par pose, que mes voisins négligens en recueilloient en totalité sur la même étendue de terrain.

Les engrais provenant des tubercules donnés aux moutons en Octobre, Novembre, Décembre et Janvier, étoient voiturés et répandus sur les champs du froment qui avoit succédé aux pommes de terre. Le trèfle ou la luzerne semés sur ce fumier, étoient d'une réussite presque assurée. J'obtenois plus de paille de mes blés; la création des engrais étoit, par conséquent, de plus en plus active; en même temps que les terres étoient bien purgées d'herbe, et que le défoncement périodique à la bèche donnoit aux sols légers l'avantage de craindre moins les sécheresses, aux sols argileux celui de souffrir moins de l'humidité.

Le prompt emploi des fumiers, à mésure qu'ils se créent par la consommation des fourrages et des pailles, est un des secrèts de l'agriculture perfectionnée. Dans l'ancienne routine, le fumier conduit au mois d'Août sur la jachère, étoit tiré d'un tas formé successivement depuis un an. Une autre année s'écouloit avant que la paille provenant de ce fumier pût commencer à former un nouveau tas, le quel, à son tour, s'accumuloit pendant une année encore, avant d'être employé. Ce n'est pas tout. Pour profiter comme on l'entendoit, de la force de l'engrais que n'avoit pas absorbée le froment, on répétoit la recolte de grains ; il n'y avoit point de fourrage produit, par conséquent il n'y avoit que foible reproduction d'engrais. Les graminées nuisibles s'emparoient du sol, et il falloit revenir à la jachère morte, qui ne produit rien. Voilà ce qui se passe encore dans plusieurs parties de notre Canton.

Les hommes accoutumés aux affaires de commerce savent que la succession rapide des opérations par chacune des quelles on rentre dans ses fonds avec bénéfice, est la marche qui donne le plus de profit. Il en est précisément de même dans l'application des engrais. Chaque renouvellement, avec addition à la masse, est une rentrée dans le capital avec bénéfice : il faut employer le plus promptement possible la masse d'engrais ainsi accrue, comme dans le commerce, on applique sans retard à une opération nouvelle, le capital et les profits réalisés dans l'opération précédente; car comme l'intérêt des sommes avancées court toujours, le temps est un élément aussi important dans les combinaisons agricoles que dans les spéculations de commerce.

Faisons l'application de ce principe à la consommation des pommes de terre par les bestiaux. Ces racines, recueillies en Septembre, et consommées dans les quatre mois qui suivent, créent, avec la paille de l'année, l'engrais qui fait croître la paille de l'année suivante et le trèfle qui succèdera au froment : il n'y a pas un moment de perdu pour la reproduction ; car les pailles augmentées dès la seconde année, donnent, avec la même masse de tubercules, plus de fumier qu'à la première ; et quand une fois des trèfles abondans, et de belles luzernes viennent ajouter leurs produits d'engrais à ceux que les pommes de terre créent; quand on peut fumer largement cette plante précieuse; quand la nourriture en vert à l'étable vient joindre ses grandes ressources à celle que donne l'augmentation des pailles, on arrive promptement à ce point de fertilité désirable qui donne une forte rente, et qu'un assolement bien réglé entretient ensuite sans difficulté.

Je parle de cette théorie avec quelque confiance, parceque depuis plusieurs années je jouis des résultats de son application. J'ai dit que les cinq-douzièmes de mes terres arables produisoient annuellement du blé. Je crois cette proportion plus avantageuse à la production du grain et au bon état des terres, que la moitié du tout. Je vais donner les résultats *en blé*, des huit dernières années, sur mon domaine. L'influence d'un système entrepris en 1798, mais au quel je n'ai donné tout son développement que depuis 1802, a dû agir dans sa plénitude au bout de dix ans, sur la totalité des terres arables. Je commence donc en 1812; et je ferai observer préalablement, que ces huit années en comprennent deux mauvaises (1814 et 1815) et une très mauvaise (1816), ce qui rend ma moyenne plus foible qu'elle ne devroit naturellement l'être, dans une période de huit ans qui n'auroit pas été soumise à des casualités hors du pair.

En 1812 j'ai semé 52 $\frac{1}{2}$ (1) coupes froment, et recueilli 296 $\frac{3}{4}$, soit 5 $\frac{31}{52}$ p.r un.

En 1813 j'ai semé 63 $\frac{3}{4}$ coupes froment, et recueilli 561 $\frac{1}{2}$ soit 8 $\frac{51}{63}$ pour un.

En 1814 j'ai semé 52 $\frac{3}{4}$ coupes froment, et recueilli 282 $\frac{7}{8}$ soit 5 $\frac{19}{58}$ pour un.

En 1815 j'ai semé 60 $\frac{3}{4}$ coupes froment, et recueilli 276 $\frac{1}{2}$ soit 4 $\frac{11}{20}$ pour un.

---

(1) Je sème assez exactement une coupe par pose. La moyenne du Canton, est une coupe et un quart de semence par pose.

En 1816 j'ai semé 53 $\frac{3}{4}$ coupes froment, et recueilli 190 soit 3 $\frac{28}{53}$ pour un.

En 1817 j'ai semé 41 $\frac{3}{4}$ coupes froment, et recueilli 279 $\frac{3}{4}$ soit 6 $\frac{29}{41}$ pour un.

En 1818 j'ai semé 48 $\frac{1}{2}$ coupes froment, et recueilli 293 soit 6 $\frac{1}{41}$ pour un.

En 1819 j'ai semé 51 $\frac{1}{4}$ coupes froment, et recueilli 440 $\frac{3}{4}$ soit 8 $\frac{26}{51}$ pour un.

Sur les huit ans, les 425 ont rendu coupes 2,621 $\frac{1}{8}$.

C'est à raison de *six grains et un sixième pour un*, en moyenne. Si l'on déduit la semence, c'est 5 $\frac{1}{6}$ pour un, *net*. La moyenne du Canton est 3 pour un, *net*.

Les tableaux du rapport déjà cité ne nous donnent pas la quantité de paille fournie par chaque coupe semée : je ne puis donc pas faire la comparaison de la masse de ce puissant moyen d'engrais que fournit mon système de culture, avec ce que donnent en résultat les procédés de l'agriculture du Canton; mais comme, dans les années ordinaires, mes blés versent en grande partie, et que dans les années abondantes, ils versent en totalité, je dois croire que la supériorité de mes terres, en nombre de gerbes, sur la moyenne du Canton, est bien plus grande qu'en nombre de coupes. En général, je ne fais beaucoup de grains qu'à force de gerbes. (1)

On ne peut expliquer cette supériorité de mes récoltes ni par la qualité particulière de mes terres, ni par des secours d'engrais tirés de la ville. Mes prés gazons et mes vignes sont une terre naturellement fertile : je les laisse en dehors de ce tableau. Mes terres arables étoient médiocres, quelques-unes réputées si mauvaises, qu'elles n'avoient ja-

(1) Les vents violens et irréguliers et les pluies battantes que nous avons toujours en Juin, et qui sont probablement dus au voisinage et à la situation des montagnes, s'opposent à ce que nous puissions dépasser une certaine moyenne en production de froment : les plus beaux sont toujours les plus maltraités à l'approche du solstice.

mais porté que du seigle, de deux années l'une. Je me suis interdit la ressource des fumiers étrangers : j'ai voulu que les champs créassent eux-mêmes l'engrais qui leur étoit nécessaire, et que leurs forces s'accrussent à mesure que leurs récoltes se multiplieroient.

Dans l'exemple que je viens de donner, j'ai seulement voulu montrer qu'il étoit possible de créer la fertilité des champs par les pommes de terre qu'ils produisent, et que les bestiaux consomment; mais qu'on ne m'accuse pas de vouloir conclure légèrement d'une exploitation particulière, dans certaines circonstances données, à la culture de tout notre Canton. Je sais fort bien que, pour toute amélioration en grand, les difficultés sont nombreuses et de tous les genres; que pour les combattre avec succès, il faut les rechercher, les connoître et les apprécier; je sais que les espérances fastueusement annoncées par une simple règle de trois, en partant des faits constatés sur de petites proportions, pour appliquer les conséquences à tout un pays, se dissipent ordinairement en mécomptes.

Voici donc sous quels rapports l'exemple que je viens de donner ne doit être admis qu'avec réserve.

1.° Quoique les terres de mon domaine, quand j'ai entrepris de les enrichir par les pommes de terre, fussent à une grande distance de la fertilité qu'elles ont acquise, la circonstance d'être à portée des engrais de la ville, et d'absorber annuellement 250 quintaux de paille étrangère, les plaçoit dans une classe de fécondité bien supérieure à la moyenne des terres du Canton : elles pouvoient donner des pommes de terre sans engrais préalable, mieux sans doute que ne le pourroient, en général, celles-ci.

2.° Le défoncement à la bêche (ou à la charrue à un pied de profondeur) est une préparation indispensable à la pleine réussite, soit pour prévenir l'effet des pluies qui font pourrir ou des sécheresses qui font languir la plante, soit parce-que les pommes de terre se plaisent dans la novale, ou terre nouvellement défrichée, et que le défoncement produit une espèce de novale, soit enfin parce que celui-ci assure la réussite du trèfle, et par le trèfle le succès du froment.

3.° L'avantage de trouver autour de soi abondance de bras disposés à cette culture à partage, est une circonstance toute locale.

4.° Les moutons s'accommodent fort bien des pommes de terre crues, si cette nourriture est associée à un fourrage sec. Pour le gros bétail, il faut quelques précautions; et tout ce qui complique une pratique nouvelle, tout ce qui exige quelques soins inusités, sert d'excuse à l'inertie ordinaire des cultivateurs, et fait ajourner une amélioration proposée.

Si donc on veut réussir à vaincre cette inertie qui résiste aux nouveautés salutaires, il faut tenter les plus aventureux par l'appât d'un gain suffisant, et leur applanir d'avance les obstacles, sans les dissimuler. (1)

L'industrie de la laiterie dans le voisinage de la ville, et des fromageries dans les parties du Canton les plus éloignées, fait de l'entretien économique des vaches l'objet le plus généralement intéressant pour nos cultivateurs; mais s'il est bien démontré que les vaches ne rendent que le fumier, et qu'elles sont, dans une exploitation rurale, un mal nécessaire, parcequ'on ne peut ni se passer de fumier ni en acheter en quantité suffisante, il est bien important de leur faire créer ce fumier au moins de frais qu'il soit possible. Le même raisonnement s'applique aux animaux de

---

(1) L'adoption de l'excellente charrue belge, qui s'étend de jour en jour, et qu'on pourroit accélérer encore par des primes; l'encouragement à l'emploi du *cultivateur*, ou houe à cheval de Ch. Machet, en remplacement des sarclages à la main, doivent entrer dans les dispositions qui favoriseront la culture des pommes de terre en grand pour les bestiaux.

trait. Pour que leur travail ne revienne pas trop cher, il faut que leur fumier se crée avec abondance et économie. Enfin l'industrie de l'élevage et de l'engrais du bétail, cette création de viande et de graisse, nécessairement liée à celle du fumier de la meilleure qualité, nous manque tout à fait, parce que nos fourrages sont trop peu abondans : nous la verrions naître de la culture des pommes de terre, à mesure que celle-ci prendroit plus d'extension.

Les objections qu'on a faites contre l'usage, en grande dose, des pommes de terre crues données aux bestiaux, tombent, si l'on soumet les tubercules à une cuisson préalable ; mais on oppose alors les frais de cette cuisson, dans un pays où le combustible est cher, et où les appareils économiques de la chaleur sont ignorés. L'objet cependant vaudroit la peine de faire quelques efforts. S'il en coute 3 sols de france seulement par quintal pour cuire les pommes de terre à feu nud, (1) dans un pays où le bois est aussi cher que chez nous; si la cuisson à la vapeur donne encore une économie sensible sur ce prix; si les tubercules cuits ont un avantage très marqué, quant à la production du lait et à la faculté nutritive; si enfin il est démontré que les bœufs et les porcs s'engraissent promptement et avec une épargne notable, au moyen des pommes de terre cuites, associées en grande dose à d'autres substances, il a de quoi encourager les essais.

Nous consommons annuellement, dans Genève, environ quatorze cents bœufs gras, pour lesquels nous donnons notre argent à l'étranger. Les pommes de terre nous fourniront le moyen d'engraisser une partie de ces animaux, et finalement peut-être la totalité des bœufs nécessaires à notre consommation. (2) Lors-

---

(1) V. le 16 vol. *Agricult.* p. 231.

(2) Voyez dans le 20.e vol. *Agriculture,* les dé-

qu'on apprécie ce que vaut le fumier bien employé dans l'assolement; lorsqu'on se fait une juste idée des conséquences de la multiplication du bétail, sur la vigueur de l'agriculture, on n'est pas disposé à se laisser arrêter par quelques obstacles dans les encouragemens à donner à la culture de la plante qu'on peut appeller par excellence pour accroitre rapidement les ressources fondamentales de la prospérité et de l'abondance.

Après avoir sommairement indiqué le changement qu'apporteroit dans la fécondité de nos champs, et dans la masse de nos produits ruraux, l'introduction de l'usage de cultiver les pommes de terre pour les bestiaux, arrêtons-nous quelques momens à considérer cette introduction sous le rapport de la sécurité qui en résulteroit pour la subsistance de notre population, en cas de disette générale.

---

tails donnés par le célèbre *Schwartz*, sur la consommation des pommes de terre en Alsace, soit pour les chevaux de travail, soit pour les bœufs et les porcs à l'engrais.

La pomme de terre a acquis une importance toute nouvelle, on peut le dire, sous le point de vue de l'économie politique, depuis que des expériences nombreuses et concordantes ont appris qu'elle est susceptible, non-seulement de se panifier dans son état de crudité et de fraicheur, mais de procurer, par le moulin-rape, une farine que l'on peut conserver, et dont l'emploi, avec la farine des céréales, donne du pain sensiblement aussi bon et aussi nourrissant que s'il étoit fabriqué avec la farine des céréales sans mélange.

Les chimistes français et allemands nous avoient déjà appris que cette racine étoit composée d'un quart de substance solide, et de trois quarts d'eau de végétation. Les expériences pratiques, et l'emploi en grand de la farine de pommes de terre (ou rapure passée au moulin) pour fabriquer du pain, avec moitié ou deux tiers de farine de froment ou orge, donnent des résultats aussi bien d'accord que l'on puisse l'attendre, vû les différences que doivent amener l'espèce de pommes de terre employée, et la saison dans laquelle on a opéré (1). Pour poser une base certaine, je vais comparer les résultats obtenus dans l'établissement de détention à Lausanne, entre le 8 Novembre 1817 et le 28 Février suivant, avec ceux qu'a donnés sur la rapure de la pomme de terre le travail fait à notre hôpital de Genève, dans les cinq premiers mois de 1818.

La quantité totale des tubercules manipulés à Lausanne est de 3,144 quarterons, soit environ 88,032 livres de 18 onces. Cette masse de pommes de terre a rendu en farine sèche à raison de 23 $\frac{2}{3}$ pour cent de son poids brut.

A l'hôpital de Genève, on a travaillé 116,500 livres de 18 onces de tubercules, qui ont rendu en farine sèche, 25 pour cent de leur poids. On peut soupçonner que la principale raison de cette

(1) Peut être la qualité du sol, les soins de culture, et la température de l'année, influent-ils aussi sur la proportion de matière sèche nutritive que contient la pomme de terre.

différence est que l'eau de végétation des pommes de terre, dans les dernières expériences, étoit plus évaporée que dans les opérations commencées à Lausanne sept semaines plus tôt. (1)

Les expériences de M.r Purvis, en 1817, à Bourg, donnent 26 pour cent. (2)

En fixant à 24 pour cent la matière sèche panifiable que l'on obtient de la pomme de terre, on ne risque donc pas de dépasser le vrai.

Dans les expériences de Lausanne, cette matière sèche, ou farine, a rendu 158 pour 100 de son poids, en pain.

Dans les expériences de Genève on a obtenu, en moyenne, 160 pour cent, en pain. C'est également la proportion fixée par le rapport de la commission des subsistances, d'après les expériences directes de M.r Audeoud-Suez. Cependant je ne supposerai que 150 pour cent

---

(1) Voyez les détails de ces expériences dans notre 23.e vol. *Agriculture* (3.e Tome de la bibl. univ.).

(2) Voyez le 2.e vol. *Agriculture, Bibl. universelle*, p. 159 et suivantes.

de pain pour cent livres de farine de pommes de terre, afin de ne donner aucune prise au reproche d'exagération,

Si l'on part du produit très modique de 36 coupes par pose de pommes de terre, semences déduites, moyenne actuelle du Canton, voyons ce que la pose donne *en pain*, en supposant les tubercules convertis en farine, laquelle seroit associée à celle du froment.

La coupe de pommes de terre qui pèse 150 livres de 18 onces, donne 36 livres de farine, lesquelles rendent 54 livres de pain : c'est donc 36 fois cette somme, soit 1,944 livres.

Combien rend la pose en froment? on y sème une coupe et un quart, qui rend trois coupes et trois quarts, semence déduite. Le rapport de la Commission des subsistances, du quel j'emprunte ces données, établit qu'une coupe de froment donne, en moyenne, 125 à 130 livres de pain. Supposons 130 : c'est pour les 3 coupes $\frac{3}{4}$, 487 $\frac{1}{2}$ livres de pain. *La même étendue de terrain cultivée en pommes de terre, donne donc quatre fois plus en pain que si elle étoit cultivée en froment.*

Quand on réfléchit à un tel résultat, on est tenté de trouver tous les autres moyens de pourvoir à la crise qui resulteroit pour nous de la disette Européenne, bien foibles, auprès du moyen simple et fécond de l'encouragement à la culture des pommes de terre pour les bestiaux. Cette culture, à mesure qu'elle s'étendra, nous fera arriver à l'abondance par plusieurs routes.

Les terres défoncées, nettoyées, amendées donneront plus de froment. Par les mêmes procédés que je propose d'appliquer, j'ai obtenu en moyenne sur les huit dernières années, cinq grains et un sixième *net* pour un. Supposons qu'au bout de dix ans d'amélioration graduelle, les terres du département rendent quatre grains *net*, pour un, au lieu de trois. Voilà les années ordinaires, qui seroient déjà assimilées, pour la production, aux bonnes années de notre état actuel. Il survient une cheité, nous convertissons en pain une partie des tubercules soustraits aux bestiaux, et nous prévenons la souffrance. Suppose-t-on une disette véritable? une calamité générale, comme on les a vû revenir à intervalles éloignés? On tue les bestiaux jusqu'à concurrence des besoins, et on convertit les pommes de terre en pain. Il n'est pas difficile de calculer que les 4,480 poses qui sont aujourd'hui de trop en grains et qui, par cette raison, *ne produisent rien*, donneroient (même au taux évidemment trop bas de 36 coupes de pommes de terre par pose) de quoi combler le plus grand déficit que nous puissions avoir à craindre.

L'expérience semble promettre jusqu'ici que la conservation des rapures ou farines de pommes de terre, sera facile, et en quelque sorte indéfinie : c'est encore un beau privilége de ce produit de la terre, déjà précieux sous tant de rapports ! Dans les années abondantes, et en supplément à la consommation des bestiaux, la conversion en farine fera la provision des temps de détresse; et l'application de la pulpe fraiche dans le pain (application dans laquelle les tubercules s'employent également avec un grand profit) laissera la possibilité de vendre du blé, à tel cultivateur qui n'en auroit pas eu de quoi se nourrir.

Les longs débats de notre Conseil représentatif, concernant le projet de la loi sur les subsistances, n'ont amené jusqu'ici aucun vote déterminé, mais ils ont beaucoup contribué à éclairer l'opinion, et à fixer les idées sur les effets probables des approvisionnemens entre les mains de l'administration. Une sollicitude bien digne d'un gouvernement tout paternel avoit dicté le projet ; mais en creusant la question, l'on a conçu des doutes sur son efficace et sur sa convenance. Tout approvisionnement de grains exige un renouvellement, pour prévenir les avaries et les pertes. Si le Gouvernement n'a pas un moyen sûr et règlé d'écoulement par le monopole (et il est trop éclairé pour vouloir de celui-ci) le renouvellement des blés seroit cher, en même temps qu'il dérangeroit les spéculations libres des petits marchands de nos environs, lesquels, dans les années moyennes, nous fournissent sans difficulté ce qui nous manque.

Quant au cas de chertés et de disettes, il importe de les distinguer. La cherté résulte d'un déficit de la récolte soit chez nous, soit dans la plus grande partie des pays qui nous environnent. Elle est un mal inévitable; elle réduit la consommation; elle attire les blés de plus loin, et le commerce libre y pourvoit toujours le mieux possible, si le Gouvernement a la précaution de ne s'en pas mêler.

La véritable disette est une calamité Européenne. Elle n'est jamais produite par le déficit d'une seule récolte : il faut que deux ou trois années successives soient généralement mauvaises ou très mauvaises, et même que des circonstances de guerre compliquent les difficultés. Nous avons été soumis récemment à cette épreuve, que le calcul des probabilités démontre devoir être rare, et dont le souvenir influe peut-être sur nos opinions plus que le simple raisonnement ne devroit le comporter. (1) 1814 et 1815 furent de mauvaises années, et 1816 une très mauvaise année de blé, non-seulement dans toute l'Europe, mais aussi en Amérique. Depuis 1813, l'accumulation des troupes dans l'occident de l'Europe avoit considérablement augmenté la consommation : il y eut donc une réunion extraordinaire de causes naturelles et accidentelles que le cours des chances ne doit pas ramener de sitôt.

Dans notre projet de loi, l'essai d'un

(1) Il y a eu disette Européenne en 1709, en 1772, et 1816. L'intervalle moyen entre ces trois disettes est 53 ans.

approvisionnement fixe ne devoit durer que cinq ans : la précaution n'étoit donc prise que contre *la cherté*, qui se renouvelle, en moyenne, tous les dix ans, et sera toujours mieux combattue par le commerce libre que par des mesures règlementaires. Si, enfin, on trouve convenable de faire quelques approvisionnemens pour modérer les effets de la cherté, et soulager la classe laborieuse, les magazins de rapures de pommes de terre n'offriroient aucune des difficultés des blés pour la conservation, aucun de leurs inconvéniens quant au cours libre du commerce. Des achats annuels de cette matière offriroient aux agriculteurs un débouché de plus, dans les premières années, où les encouragemens ne sauroient être trop nombreux. Il en resulteroit encore que dans tous les villages, il s'établiroit un emploi réglé du moulin-rape, pour la panification de la rapure fraiche, au grand soulagement des pauvres, et que les cultivateurs aisés prendroient l'habitude d'allier la rapure sèche à leurs céréales, pour avoir un pain meilleur, et un surplus de grain à vendre.

En cherchant à montrer qu'il seroit utile d'appliquer des fonds à encourager par des primes la culture en grand des pommes de terre, je n'ai point parlé des défrichemens ; et cependant nous avons 5,022 poses de *teppes*, broussailles ou pâtures imposables, qui ne rendent à peu près rien, car les pâturages des communes sont plutôt un piège qu'une ressource pour les petits propriétaires. Si j'ai laissé cette étendue de terrains en dehors de mes calculs, ce n'est pas que les pommes de terre ne se lient merveilleusement aux opérations de défrichement, car elles réussissent sans fumier sur la novale, ou terre fraichement défrichée. Mais quand je considère la foiblesse de notre capital agricole et circulant du Canton, comparativement à ce qu'il devroit être, je pense que le capital (ou le travail ce qui est la même chose) qu'absorberoient les défrichemens, est bien mieux appliqué à une culture meilleure de ce qui est déjà en valeur. Les difficultés, d'ailleurs, sont moins grandes, et les produits plus prochains. Les terres que chaque année on condamne à une récolte redoublée de céréales sont déjà chargées des frais de culture; l'avance des six coupes de pommes de terre pour la plantation d'une pose, équivaut à l'avance de la coupe et un quart de froment qui l'auroit ensemencée. Enfin, il importe d'affoiblir, le plus promptement possible, le mal que fait à notre agriculture la répétition annuelle des grains blancs sur une forte proportion de nos terres arables. Des défrichemens prématurés ne feroient qu'augmenter le nombre des poses, déjà trop grand, qui donnent de chétives récoltes céréales. Quand notre culture sera généralement meilleure, nous pourrons défricher sans inconvénient.

Si la mesure d'encouragement que je propose est salutaire, il paroîtra désirable de ne pas perdre une année encore avant de l'appliquer. J'ai proposé le fond de cette idée au Comité de la classe d'agriculture dans la séance du 1.er Mars à l'appui d'une proposition de M. de Candolle, qui avoit un but analogue. Des objections se sont élevées; des difficultés d'exécution se présentent. Il y en a toujours, et en grand nombre, quand il s'agit de faire un peu de bien; mais il y a tant de lumières et de patriotisme chez les membres de ce Comité choisi, que nous le verrons, je n'en doute point, surmonter tous les obstacles, et acheminer les heureux changemens qu'avec l'aide du temps, il est possible de réaliser dans la culture de notre Canton.

Il est certaines objections que l'on hésite à combattre, de peur de leur donner plus de corps; et surtout quand l'occasion ne permet pas tous les développemens propres à jeter du jour sur une question qui a paru obscure et difficile à plus d'un bon esprit. Je veux parler de l'accroissement de population qui, par la force des choses, doit résulter d'un moyen nouveau de faire sortir de la même terre plus de substance.

Notre population du Canton est divisée en deux portions presque égales, celle de la ville et celle des campagnes. La population de la ville ne paroît pas devoir s'augmenter sensiblement par l'effet des améliorations de notre sol et de ses plus grands produits. L'industrie manufacturière et les profits du commerce multiplient les hommes dans les villes; mais l'effet détourné et très-lent que pourroit avoir la vigueur de notre agriculture pour accroître notre population citadine de manière à faire craindre des suites plus fâcheuses de la misère si les fluctuations de la fortune commerciale nous devenoient contraires, cet effet, dis-je, est peu à craindre; et ce seroit accorder, sans doute, trop d'influence à des considérations éventuelles et foibles, que de se détourner, par elles, d'un but prochainement utile. Quant à l'accroissement de la population rurale ; nul doute, qu'il ne fût, chez nous, comme partout ailleurs, la conséquence de plus d'industrie, de plus de produits et de plus d'aisance. Les pessimistes repliqueront que cet état meilleur ne sera que transitoire; qu'après avoir appris à tripler ou quadrupler les productions, et après avoir vû se multiplier ses enfans dans le même rapport, notre malheureux pays sera exposé aux fléaux périodiques qui frappent les contrées trop peuplées, fléaux qu'aucune perfection de culture ne peut prévenir, (puisque l'incertitude des saisons est une des lois générales de la nature,) et qui déciment, par la misère et la faim, les enfans devenus trop nombreux dans les temps de prospérité.

L'objection, ainsi présentée, retombe dans la grande question tant controversée à l'occasion du livre de Malthus, et dont la solution, telle qu'on peut la donner, laissera peut-être toujours lieu à des doutes. Je ferai seulement observer ici, 1.° que des siècles nous séparent encore, quoique nous puissions faire, de cet état de trop plein dont la Chine offre l'exemple ; et qu'en administration comme en agriculture, la durée d'un siècle est bien longue, pour les combinaisons raisonnables. Je rappellerai ensuite que l'objection s'applique à tous les perfectionnemens de l'industrie, quels qu'ils soient, et mêmeà tous les développemens intellectuels qui résultent de l'éducation nationale. Que sont, en effet, ces perfectionnemens des arts mécaniques, et ces acquisitions de l'intelligence, si non des moyens de richesses, de force, et de jouissance pour les sociétés et les individus ? Cela fait naître plus d'enfans, tout comme la culture des pommes de terre. Seulement, l'industrie des villes crée une population dont l'entretien est soumis à des chances plus incertaines. A qui viendra-t-il à l'esprit de condamner l'industrie, en général, parce qu'elle tend à la multiplication des hommes ? Peut-on enchaîner l'activité humaine ? Le travail n'est-il pas aussi nécessaire à l'ordre moral, qu'indispensable au développement et à l'entretien de nos forces physiques ? Existe-t-il un dessein de la Providence plus clairement annoncé que celui du développement successif des moyens intellectuels, et de leur application à notre bien être ? L'objection prouveroit trop, si elle prouvoit quelque chose ; elle tendroit à quereller la marche de la nature même, et les immuables lois établies par la suprême sagesse.

FIN.

www.ingramcontent.com/pod-product-compliance
Lightning Source LLC
LaVergne TN
LVHW020045170826
845678LV00001B/450

* 9 7 8 2 3 2 9 6 8 8 1 6 9 *